AF360803

PETIT

LIVRE DE LECTURE

SUR

LES AVANTAGES DE LA VIE CHAMPÊTRE.

PETIT
LIVRE DE LECTURE

SUR

LES AVANTAGES

DE

LA VIE CHAMPÊTRE

PAR UN INSTITUTEUR.

NONTRON

Imprimerie et Librairie de T. Ranvaud

PLACE DE L'HOTEL-DE-VILLE.

—

1869

AUX JEUNES ADULTES DE LA CAMPAGNE.

En vous offrant ce petit livre, nous n'avons qu'un désir : celui de vous attacher au sol natal et de vous rendre heureux.

Nous vous donnons pour exemple à suivre un Cultivateur, un Métayer qui habite la commune du Bourdeix.

Nous vous livrons nos pensées et nos impressions avec simplicité, n'ayant d'autre but que celui de vous être utile, jeunes paysans, qui avez toutes nos sympathies.

Puissent nos efforts atteindre ce but. Puissent-ils surtout vous faire comprendre l'excellence de l'état de Cutivateur.

Petit Livre de Lecture

LE BONHEUR DES CHAMPS.

CHAPITRE PREMIER.

TRÉSORS CACHÉS DANS LE SEIN DE LA TERRE.

C'est du sein inépuisable de la terre que sort tout ce qu'il y a de plus précieux. Cette masse informe, vile et grossière, prend les formes les plus diverses, et elle seule donne tour à tour tous les biens que nous lui demandons. Cette boue si sale se transforme en mille beaux objets qui charment les yeux. En une seule année, elle devient branches, boutons, feuilles, fleurs, fruits et semences pour renouveler ses libéralités en faveur des hommes. Rien ne l'épuise. Plus on déchire ses entrailles, plus elle est libérale. Après tant de siècles pendant lesquels tout est sorti d'elle, elle n'est point encore usée.

Elle ne ressent aucune vieillesse : ses entrailles sont encore pleines des mêmes trésors. Mille générations ont passé dans son sein. Tout vieillit; elle seule ne vieillit pas; elle rajeunit chaque année au printemps. Elle ne manque point aux hommes; mais les hommes insensibles se manquent à eux-mêmes en négligeant de la cultiver. C'est par leur paresse et par leurs désordres qu'ils laissent croître les ronces et les épines à la place des vendanges et des moissons.

Les hommes ont devant eux d'immenses terres

incultes et ils bouleversent le genre humain pour un coin de cette terre si négligée. Si la terre était bien cultivée, elle nourrirait cent fois plus d'hommes qu'elle ne le fait actuellement. L'inégalité même des terroirs, qui paraît d'abord un défaut, se tourne en ornement et en utilité. Les montagnes se sont élevées et les vallons sont descendus à la place que le Seigneur leur a marquée. Ces diverses terres, suivant les divers aspects du soleil, ont leurs avantages.

Dans ces profondes vallées, on voit croître l'herbe fraîche pour nourrir les troupeaux. Auprès d'elles, s'ouvrent de vastes campagnes revêtues de riches moissons.

Ici les côteaux s'élèvent comme un amphithéâtre et sont couronnés de vignobles et d'arbres fruitiers. Là, de hautes montagnes vont porter leur front glacé jusque dans les nues, et les torrents qui en tombent sont les sources des rivières. Les rochers montrent leurs cimes escarpées et soutiennent la terre des montagnes. Cette vanité fait le charme des paysages, et en même temps elle satisfait aux divers besoins des peuples. Il n'y a point de terrain si ingrat qui n'ait quelque propriété. Non seulement les terres noires et fertiles, mais encore les terres argileuses récompensent l'homme de ses peines.

Les marais desséchés deviennent fertiles. Les sables ne couvrent d'ordinaire que la surface de la terre, et quand le laboureur a la patience de la défoncer, il trouve un terrain neuf, qui se fertilise à mesure qu'on le remue et qu'on l'expose aux rayons solaires. Il n'y a point de terre entièrement ingrate, si l'homme ne se lasse pas de la labourer pour l'exposer au soleil, et s'il ne lui demande que ce qu'elle est propre à porter.

Au milieu des rochers stéri'es, on trouve d'ex-
cellents pâturages ; il y a dans leurs cavités des vei-
nes que les rayons du soleil pénètrent et qui four-
nissent aux pl ntes, pour nourrir les troupeaux,
des sucs très-savoureux.

Les côtes mêmes, qui paraissent les plus arides
et les plus sauvages, offrent souvent des'fruits dé-
licieux ou des remèdes très-salutaires, qui manquent dans les pays les plus fertiles.

D'ailleurs, c'est par un effet de la Provi'ence
divine que nulle terre ne porte tout ce qui sert à la
vie humaine, car le besoin invite les hommes au
commerce pour se donner mutue'lement ce qui
leur manque, et ce besoin est le lien naturel de la
Société entre les nations; autrement tous les peuples du monde seraient réduits à une seule sorte
d'habits et d'aliments, rien ne les inviterait à se
connaître et à se soutenir.			Fénelon.

CHAPITRE SECOND.

LE PRINTEMPS A LA CAMPAGNE.

Quelle belle saison que le printemps ! Le ciel ne se couvre plus de sombres nuages ; le givre et la neige ont disparu ; le soleil s'élève plus haut dans le firmament ; la terre s'échauffe et produit de nouvelles plantes, les plaines se revêtent de verdure ; les prairies se parent d'une multitude de fleurs diverses ; les bosquets s'embellissent ; les arbres se couvrent de fleurs qui parfument l'air des champs ; de nombreux troupeaux se répandent sur les collines et dans les vallées ; les petits oiseaux se bâtissent de jolis nids dans les buissons et dans les jeunes taillis, où ils chantent des louanges de Dieu, leur créateur.

Le matin, quand on entend le chant du rossignol et du pinson, et la voix aérienne de la cloche du village, ah! quel enchantement de satisfaction on éprouve !

CHAPITRE TROISIÈME.

CONSEILS SUR LA VIE CHAMPÊTRE.

Mon cher enfant, de toutes les professions, choisissez celle du cultivateur ; c'est la plus heureuse et la plus saine. On peut, sous son toit de chaume, vivre plus heureux que dans les palais des grands seigneurs des villes. Dans ces palais ou dans ces belles maisons, le bonheur que vous supposez n'habite pas toujours. Dans les uns, l'ennui règne ; dans d'autres, l'abus du luxe et la banqueroute effrayante portent le chagrin et la misère.

Dans la ville, il y a d'autres maisons où sont en-

tassées dix familles en proie à la plus triste misère , à une pauvreté inconnue à la campagne.

O cher enfant! quand je pense à toutes les beau-
tés que Dieu a mises autour de vous, à la terre
avec tous ses trésors, à la vie paisible des champs,
au bonheur qui vous attend, je me dis : Comment
votre cœur pourrait-il jamais soupirer à l'idée im-
prudente de quitter la campagne?

Croyez-moi, mon cher et tendre enfant, aimez
toujours la vie champêtre et restez à la campagne;
le bonheur y est plus facile et plus doux.

CHAPITRE QUATRIÈME.

PROMENADE AGRICOLE.

Le 24 mai 1868, je fis une visite à Martial Couturier, dit Mousseau, colon des bons et intelligents frères Vallade, de Nontron. Cette journée, que je m'étais réservée comme une fête, fut employée à parcourir tous les coins de sa métairie.

Voici ce dont je fus le plus frappé dans cette promenade.

A un kilomètre de sa maison, sur le chemin du Bourdeix à Piégut, se trouve une pièce de la contenance de deux hectares environ en trèfle et en plantes sarclées. Martial Couturier me dit :

— Autrefois, c'était une terre chétive, couverte de mousse et de mauvaises herbes, mais avec un sol bien préparé et bien fumé, elle produit, comme vous voyez, des trèfles et des plantes sarclées en première qualité.

Martial Couturier n'avait, il y a vingt-cinq ans, aucune connaissance des prairies artificielles ; la première notion qu'on lui donna excita toute son attention ; aujourd'hui, il en connaît le mérite et la valeur. Nous arrivâmes ensuite sur un champ de blé appelé Puits-d'Hiver, sur lequel il avait mis beaucoup de fumier. De la hauteur où nous étions, nous pûmes voir les champs de blé de la commune de Saint-Estèphe. Je fus frappé de la beauté du froment de Mousseau ; il faisait honte à tous les champs maigres qui l'entouraient. De là, il me conduisit sur une prairie neuve située au midi, sur le chemin du Bourdeix à Saint-Estèphe. Là, il a arraché beaucoup de broussailles, fait des rigoles et des fossés couverts. Au moyen de ce drainage, il a fait d'une terre inculte une prairie de première qualité.

En passant par le bois, j'en admirais la propreté ; un parc n'est pas mieux netioyé de broussailles et de mousse. Nous étions sur le pont de

Lavaud pour admirer une prairie sur laquelle il avait pratiqué le drainage et l'irrigation, aussi l'herbe est-elle de bonne qualité. Tout en suivant la route de Nontron à Bussière-Badil, à mi-côte du Bourdeix, nous arrivions sur un champ semé de haricots et de navets. Cette terre avait été bien préparée, bien ameublie et surtout bien fumée. Un peu plus loin, je vis, sur les terres les mieux amendées, des plantes oléagineuses et des pommes de terre dans une parfaite végétation. Nous traversâmes la route et nous arrivâmes sur un champ de blé magnifique situé sur le chemin du bourg à Prieuret. Là, une année, pour cinq hectitres de semence, il a eu 105 hectolitres de froment.

Je passe sous silence sa manière de cultiver ses luzernes, pommes de terre, topinambours, betteraves, carottes, navets, rutabagas et choux. Je ne dis rien non plus de la conduite de ses arbres fruitiers. Partout, j'ai trouvé les marques d'une activité incessante, d'une sagacité merveilleuse, d'une attention sans cesse occupée à rechercher tout ce qui peut servir à l'amélioration de l'exploitation de sa métairie, qui a une étendue de 55 hectares.

En route, je lui demandai comment il pratiquait l'opération du chaulage. Il me dit :

— On prépare le champ par deux bons labours, on le herse, puis on y dépose la chaux vive en petits tas de grosseur égale, éloignés en tous sens les uns des autres de 5 à 6 mètres. Chaque tas doit être immédiatement recouvert d'une couche de terre quatre ou cinq fois plus considérable que le tas lui-même. La chaux ainsi recouverte ne tarde pas à se gonfler par l'effet de l'humidité. Dès que la chaux se trouve réduite en poussière, on se hâte de brasser les tas, puis on mélange la chaux avec la terre qui la recouvre. Enfin on répand les tas sur le sol aussi également que possible, et l'on enterre la chaux par un labour peu profond.

Il est très-partisan de la charrue Dombasle et de la herse Valcourt.

Je lui fis cette question :

— Comment avez-vous pu enrichir vos terres ?

Il me répondit :

— Après avoir préparé la terre par des amendements bien distribués, il reste donc à l'engraisser et à l'enrichir par cette foule d'engrais que la nature offre partout. Toute la science du cultivateur consiste à produire le plus d'engrais possible et à suivre les nouvelles méthodes; c'est ce que j'ai fait.

Nous entrâmes enfin dans la maison, où je trouvais la famille de mon sage et habile cultivateur assemblée autour de la table pour le dîner. Là aussi, je pus apprécier les résultats de l'excellente administration que Martial Couturier maintenait dans son intérieur comme dans sa métairie. Ce petit repas devint pour moi un vrai banquet de sages. Nous quittâmes la table, rafraîchis et contents, pour visiter le reste de la propriété.

Je ne pouvais faire un pas sans que mon attention ne fût frappée en faveur de son exploitation. Ainsi, dans le verger qui est derrière la maison, on trouvait le degré de perfection dont il paraissait susceptible. Entre la maison et le jardin est la basse-cour. Elle était bien garnie et convenablement administrée. La maîtresse de la maison apporte une attention soutenue à cette partie de l'économie domestique. Je vis de ce côté les étables à porcs d'une grande propreté. On me fit connaître les meilleures races à jambes courtes, à oreilles pendantes, à reins larges, au cou court, à soies fines et rares.

Enfin nous visitâmes les bâtiments et le bétail.

Les bâtiments et les étables sont presque neufs

et très-commodes. Je trouvais son bétail bien nourri et bien tenu. Sa paille est ménagée avec le plus grand soin et réservée uniquement pour la litière. De plus, il a soin de ramasser dans toute l'étendue de son domaine toutes les matières propres à faire la litière ; des feuilles d'arbres, des feuilles de joncs, des mousses, etc. — Aussi, il est tellement prodigue de litière dans son étable qu'on y enfonce jusqu'aux genoux.

En 1808, ce métayer est entré pauvre dans le domaine ; en 1845, il a commencé ses améliorations sans crédit, sans emprunt, seulement avec le concours de ses bons maîtres. Il possédait alors deux paires de vaches et il récoltait annuellement 14 hectolitres de seigle. Son cheptel était de mille francs. En 1868, il possède deux paires de bœufs gras, deux paires de bœufs de travail, une vache, un âne pour traîner gratuitement les fardeaux des voisins, et 24 cochons. Le cheptel vaut aujourd'hui plus de 10,000 francs. Cet hiver, il a vendu cinq bœufs gras plus de 5,000 francs. Il a eu, en 1867, 68 hectolitres de froment, et en 1868, il n'en a eu pas moins de 90 à 100 hectolitres. Maintenant, ses recettes annuelles s'élèvent à 4,000 fr., et les dépenses à 2,000 fr.

Grâce aux riches fumures que ses champs ont reçues, ses granges et ses greniers sont remplis, sa cave a de bon vin et ses étables sont fournies de bestiaux sains et vigoureux.

Tous ses frères, ainsi que ses enfants et petits-enfants ont très-bien tourné. Un de ses frères a un bien d'une trentaine de mille francs, et sa probité l'a fait nommer adjoint au maire de sa commune. — Un autre exploite, avec sa famille, sa propriété de la valeur de dix à douze mille francs ; sa femme est décédée l'année dernière à l'âge de 80 ans, après avoir été la meilleure épouse et la plus tendre mère. Son fils habite avec lui, homme travailleur et moral, — aussi sa réputation l'a fait nommer conseiller municipal.   Sa bru est aussi travailleuse que gracieuse Sa petite fille s'occupe, avec sa mère, de la couture et de l'intérieur de la maison Ses petits fils vont régulièrement tous les hivers à l'école du soir; ils sont tous sains, robustes, laborieux, tous sensés et vertueux.

Dans cette maison, tout le travail se fait par amour; c'est à qui pourra surpasser l'autre; ils ne connaissent de jalousie que la louable émulation d'exceller dans le travail et d'autre récompense que l'Honneur.

Son exemple, et, ce qui est bien plus rare, ses fidèles instructions, lui ont valu un grand nombre d'imitateurs dans la commune et dans plusieurs communes voisines.

Oui, nous aimons à rendre à cet esprit de bienfaisance de notre estimable cultivateur la justice qui lui est due, et nous nous félicitons d'avoir, dans la commune du Bourdeix, un tel homme aux mœurs simples et douces.

Nous le proposons pour exemple à tous nos honnêtes cultivateurs !

Il a su profiter des bonnes leçons de ses maîtres, MM. Vallade, hommes patients, laborieux, honnêtes, toujours estimés et aimés, agronomes intelligents, bons et dévoués en faveur de tout le monde. Ils ont sur leurs colons l'influence d'une affection toute paternelle et l'autorité d'une vie toute de bienfaisance.

Nous souhaitons aux colons de tel maîtres, honnêtes, simples et généreux, et aux maîtres des colons comme Martial Couturier, dit Mousseau !

L'homme qui imitera ce modèle du parfait cultivateur, après dix ou quinze ans de travail et d'intelligents efforts, se fera, comme lui, un avoir, presque une petite aisance, et, de plus, il jouira

de l'estime et de la con idération publiques , en
ayant comme lui une conduite exemplaire , en ai-
mant la terre qui nous fait tous vivre.

Aussi , le Comice agricole de Nontron , attentif à
exciter l'émulation parmi les bons et honnêtes cultivateurs , s'est fait un devoir de marquer plusieurs
fois son approbation particulière à cet habile agri-
culteur , en lui décernant une dizaine de médail-
les d'or , d'argent et de bronze , et des primes
pour plus de 500 francs.

Au dernier concours régional de Périgueux , on
lui a décerné une médaille d'or de première classe
et une palme , comme un cultivateur des plus intelligents et des plus honorables du Périgord.

Quand M. l'honorable marquis de Malet apprit
à Martial Couturier , lauréat de la médaille d'or du
ministre de l'agriculture au Concours de Métayage,
la récompense qu'on lui décernait :

— Monsieur, dit cet excellent vieillard, cela vaut mieux pour moi que la fortune.

M. le marquis lui répondit :

— Que cette médaille, comme la croix d'honneur d'un vieux soldat, reste à vos enfants et petits-enfants, un titre de noblesse et de bons exemples à imiter.

En somme, j'ai partout admiré sur son domaine la bonne tenue des terres en culture; les plantes sarclées sont d'une belle végétation; les prairies nouvelles ont été drainées et sont amendées tous les ans avec des composts de terre et de chaux; les eaux sont bien dirigées sur leur surface; les trèfles et les luzernes sont en bon état; l'emploi de la chaux sur les terres en culture y est fait avec discernement; le bétail est de très-bon choix et surtout bien tenu; le bétail confié à ses soins lui donne un total équivalent à $^{11}/_{10}$ de tête par hectare.

Mais la plus grande remarque, c'est que le froment a remplacé le seigle dans la culture des céréales et donne un rendement de 19 p. 1.

Les instruments aratoires employés pour l'exploitation sont bien appropriés à la nature du sol.

Aussi, mes impressions toutes chaudes me disent que c'est le colon le plus méritant du département de la Dordogne.

Non, jamais la bénédiction attachée à l'assiduité du travail et aux bonnes mœurs ne s'est offerte d'une manière aussi palpable, et je ne crains point d'en conclure que la Providence a voulu que cette maison devint pour les cultivateurs un exemple des plus encourageants, et tous ceux qui visiteront cette métairie s'écrieront avec moi : *vive l'Empereur! vivent MM. Vallade! vive Martial Couturier, dit Mousseau, du Bourdeix!*

CHAPITRE CINQUIÈME.

DISCOURS PRONONCÉ PAR M. DUBOIS
A L'INSTALLATION DE M. JUSTIN VALLADE,
MAIRE DU BOURDEIX.

(6 décembre 1868.)

Monsieur le Maire,

C'est un honneur, en même temps qu'un bonheur pour moi, d'être appelé à vous exprimer tout ce qu'il y a ici pour vous de sympathie, de respect et de reconnaissance.

Depuis longtemps, en effet, monsieur le Maire, vous avez su comprendre les intérêts agricoles du pays, et, grâce à votre initiative et à vos généreux encouragements, nous avons vu la routine céder la place à des méthodes plus rationnelles dans la culture de nos champs. Des terres jusque-là incultes se sont couvertes de verdure et d'abondantes moissons. L'imparfaite araire de bois se voit chaque jour remplacée par la bonne charrue Dombasle.

Avec votre concours, Martial Couturier, votre digne colon, a, par son exemple, tellement fait que le froment s'est substitué au seigle ; et, au moyen de la chaux, des terres, qui seraient restées à tout jamais stériles, sont maintenant, chaque année, changées en prairies artificielles et en racines fourragères.

Ce ne sera pas, monsieur le Maire, ainsi que votre excellent métayer, un de vos moindres titres à la reconnaissance du pays que d'avoir changé en pain de froment le pain de seigle de toute une commune, et, je dirai plus, de plusieurs cantons.

Aussi, pour vous donner un témoignage de reconnaissance et de confiance, tous les électeurs ont

unanimement déposé dans l'urne votre nom bien-
aimé et vous ont proclamé premier conseiller de la
commune du Bourdeix.

De plus, c'est avec la joie la plus vive que nous
avons appris le choix de l'éminent Préfet de la
Dordogne. A qui aurait-il pu mieux confier les intérêts de notre commune qu'aux mains de l'agro-
nome distingué dont l'habileté a augmenté la richesse territoriale dans le Nontronnais, dont la
bienveillance et l'honorabilité si connues se sont
conciliées l'estime générale et dont la haute influence contribuera au bien-être et aux intérêts des
habitants?

Cette sollicitude qui vous distingue, monsieur
le Maire, vous voudrez l'étendre sur l'enseignement primaire, cette autre culture des jeunes intel-
ligences ; l'instruction vous devra son extension et
ses progrès parmi nos enfants. Car, vous le savez

bien, à peine comptons-nous dans cette commune la moitié de la génération qui devrait nous apporter une intelligence à développer, un cœur à former et une volonté à préparer aux devoirs de l'existence. Mais vous serez heureux, monsieur le Maire, d'apprendre qu'une souscription, dont j'ai l'initiative, recueille en ce moment de nombreuses adhésions, et que son produit nous aidera au développement de l'instruction primaire.

Je le dis avec satisfaction, et c'est là peut-être le plus beau panégyrique que je puisse faire de vos nouveaux administrés. le plus grand nombre, monsieur le Maire, surtout les habitants des plus humbles hameaux, se hâtent de contribuer à cette belle œuvre.

Monsieur le Maire, pour vous seconder dans la voie du progrès qui vivifie, je viens vous offrir mon concours le plus absolu, qui ne faiblira jamais devant les obstacles qu'il faudra surmonter pour faire le bien, et vous prier d'agréer le témoignage de ma respectueuse affection, de mon entier dévouement.

CHAPITRE SIXIÈME.

CIRCULAIRE RELATIVE A L'ENSEIGNEMENT AGRICOLE.

(30 août 1868.)

Monsieur le recteur, la société protectrice des animaux a émis le vœu qu'il soit ajouté au programme de l'enseignement agricole, dans les écoles primaires rurales et dans les écoles normales primaires, un paragraphe relatif à l'enseignement des *principes de la protection.*

Le conseil impérial de l'instruction publique, consulté par moi à ce sujet, a été d'avis que, quelque légitime que puisse être un pareil vœu, il n'y avait pas lieu d'en faire l'objet d'une disposition réglementaire, et qu'il suffisait de donner à qui de droit des instructions dans le sens indiqué par la Société protectrice des animaux.

Je m'associe à la haute opinion de l'assemblée, et je vous invite, en conséquence, monsieur le recteur, à adresser à MM. les inspecteurs d'académie les recommandations nécessaires pour que, dans l'enseignement agricole des écoles normales primaires et des écoles primaires rurales, le maître, en traitant des animaux utiles, soit pour l'agriculture, soit pour le jardinage, insiste sur la protection qui leur est due, protection également intéressante au point de vue d'une économie intelligente et du développement des sentiments d'humanité.

Recevez, monsieur le recteur, l'assurance de mes sentiments distingués.

Le Ministre de l'instruction publique,

V. DURUY.

CHAPITRE SEPTIÈME.

DOCILITÉ DES ANIMAUX DOMESTIQUES.

Mon cher enfant, à quoi attribuez-vous les inclinations douces et la docilité des animaux domestiques, sinon à l'ordre que le Seigneur leur a donné de nous servir et de nous obéir comme à leurs maîtres?

Essayez d'apprivoiser les lions, les tigres, les ours et les loups, de les réunir en troupeaux, de les confier à un berger; essayez de leur faire labourer vos champs, porter vos fardeaux, vous verrez si cela est possible.

Quelle douceur, au contraire, quelle obéissance dans les bêtes destinées à votre service!

Quand les animaux domestiques que vous employez sont traités avec douceur et humanité, ils sont plus robustes, plus soumis, plus attachés; ils travaillent beaucoup mieux, plus utilement, donnent des produits plus abondants et des services plus durables.

Ces pauvres bêtes, quoique souvent douées d'une force supérieure à notre nature, n'en font usage que pour l'homme; elles acceptent son joug sans résistance et respectent la voix de cet homme doux et sociable, de ce bon père de famille, de ce bon voisin et de ce bon citoyen qui a ordre de vous conduire.

Remarquez qu'en vous donnant cette foule de domestiques aussi forts qu'obéissants, le Créateur a voulu se charger lui-même de leur entretien, qu'il leur a donné des habitudes de sobriété tout entières à notre avantage, puisqu'un peu d'herbe ou le moindre de nos grains leur suffit.

Puis, quelle adresse et quelle fidélité dans quelques-uns!

Qui n'a pas admiré, par exemple, comment il y en a qui caressent l'homme, se dressent comme il lui plaît, lui offrent une image agréable de tendresse et d'amitié, gardent tout ce qu'il leur confie ?

Le Créateur, en leur donnant un corps organisé, leur donna en même temps un principe immatériel de sensibilité qui ne ressemble en rien à l'âme humaine, puisq'elle n'a ni raison, ni par conséquent la liberté, et qu'elle s'use avec la dissolution des organes.

Ne ririez-vous pas, en effet, de celui qui vous dirait qu'un chien, meurtri de coups et couvert de plaies, ne souffre pas plus que ne souffre une montre dérangée et brisée par sa chûte, ou que ce chien distingue le bien du mal moral et mérite des récompenses ?

Mais le charretier qui a la vertu de douceur sait

que son cheval ou son bœuf est un être éminemment sociable, facilement docile, qu'il s'attache à
son maître et qu'il est sensible aux bons et aux
mauvais traitements. Il sait aussi qu'il n'est pas
permis de prendre plaisir à les tourmenter.

D'un autre côté, mon cher charretier, vous faites trop peu de cas des animaux, lorsque, sous
prétexte que Dieu nous en a permis l'usage, vous
vous arrogez un empire illimité sur eux et vous
croyez être en droit de les traiter selon vos caprices. Mais comment pourriez-vous prouver que
vous en avez le droit?

En supposant même que vous eussiez ce droit,
serait-il juste que votre empire dégénérât en
cruauté et en tyrannie?

Tout homme qui n'est pas encore corrompu par
des passions et des habitudes vicieuses est naturel

lement porté à la compassion pour tout ce qui vit et sent.

Cette disposition nous fait sans doute honneur, et elle est si profondément gravée dans notre âme qu'un homme qui serait venu à bout de l'effacer, montrerait par là même jusqu'à quel point il s'est dégradé. Tant il vrai que votre conduite envers les bêtes influe sur votre caractère moral et sur la douceur de vos mœurs.

En effet, en brutalisant les animaux, vous brutaliserez votre pauvre femme, vos petits enfants, et tous vos voisins. Car, étant sans cesse livré aux emportements de la colère et de l'ivresse, vous serez un mauvais père de famille, un mauvais voisin et surtout un mauvais citoyen.

Vos animaux seront mal nourris, et avec la brutalité et les mauvais traitements, ils deviendront maladifs, rétifs et vicieux, diminuant ainsi la qualité de leurs produits et abrégeant pour ces motifs la durée de leur existence.

Mais voici deux moyens de devenir en peu de temps un bon père de famille et un conducteur humain.

CHAPITRE HUITIÈME.

ÉCOLES DU SOIR.

En créant les Écoles du soir, savez-vous ce que veut le dévoué interprète du digne Napoléon III, M. le ministre de l'instruction publique? Fermer la source du mal et de la débauche et, par ce moyen, élargir la source du bien et du bonheur, en vous ramenant à la justice, à l'honnêteté, à l'économie et à la vie de famille.

Allez à ces cours d'adultes et là on vous adoucira vos mœurs en vous apprenant à être humain envers vos semblables et envers vos animaux domestiques.

Dans ces réunions bienfaisantes, on vous initiera au Code pénal et on vous fera connaître une loi toute d'humanité. La loi du 2 juillet 1850, dite *loi Grammont*, est là pour réprimer les abus de ceux qui, au mépris de nos conseils, persisteraient à marcher dans une voie tout opposée.

Voici le texte même de la loi :

« Seront punis d'une amende de cinq à quinze francs, et pourront l'être de un à cinq jours de prison ceux qui auront exercé publiquement et abusivement de mauvais traitements envers les animaux domestiques. La punition de la prison sera toujours applicable en cas de récidive.

« L'article 483 du Code pénal sera applicable. »

La loi est encore plus rigoureuse contre les destructeurs d'oiseaux, de leurs nids ou de leurs couvées.

En faveur de la justice, de l'humanité et de l'agriculture, grâce pour les animaux domestiques et pour les oiseaux insectivores !

Pitié pour eux!!!

CHAPITRE NEUVIÈME

SANCTIFICATION DU DIMANCHE.

En allant à l'église, vous apprendrez encore à cette école à observer les commandements de Dieu et de l'Église, et à sanctifier le saint jour du dimanche, le repos du corps et le rafraîchissement de l'âme.

Oh! mon cher charretier, si le dimanche était bien compris, avec quelle effusion de cœur on dirait à Dieu : « Merci, merci, mon Dieu! c'est bien pour mon âme, c'est bien pour mon corps aussi! »

La profanation du dimanche est cruellement châtiée. — Bien irréfléchi qui ne le voit pas.

Des calamités nous frappent et l'on s'en étonne; la cherté épouvante, la misère torture, la faim dévore, les maladies tuent, et l'on s'en étonne, et l'on se demande : « Qu'ai je fait ? »

Les fortunes qui paraissent les plus stables sont subitement renversées.

Le deshonneur pénètre dans les familles respectables et l'on est surpris !

C'est vous, profanateur du dimanche, homme de la débauche, cruel envers les animaux et blasphémateur du saint nom de Dieu, qui attirez tous ces maux sur vous et sur votre famille.

Le ministre du Seigneur vous dira que l'honnête homme remplit les devoirs de son état, que l'honnête homme nourrit sa femme et ses enfants, que l'honnête homme paie ses dettes, qu'il connaît les principales dispositions de la loi civile, relativement à la sanctification du dimanche et des fêtes.

Voici cette loi :

« Le repos des fonctionnaires publics sera fixé au dimanche. » (Articles organiques, art. 52.)

« Aucune condamnation ne pourra être exécutée les jours de fêtes, nationales ou religieuses, ni les dimanches. » (Code civil, art. 25.)

« Les tribunaux ne siégent point les dimanches ni les jours de fêtes d'obligation. Cependant la cour d'assises continue à siéger ces jours-là, lorsqu'une cause commencée n'a pu être terminée la veille. » (Code d'instruction criminelle, art. 555.)

Le 18 novembre 1818 fut promulguée la loi suivante :

« ARTICLE 1er. — Les travaux seront interrompus les dimanches et les jours de fêtes reconnus par la loi.

« ART. 2. — En conséquence, il est défendu lesdits jours :

« 1o Aux colporteurs et étalagistes de colporter et d'exposer en vente leurs marchandises dans les rues et places publiques ;

— 44 —

« 2° Aux artisans et ouvriers de travailler extérieurement et d'ouvrir leurs ateliers ;

« 3° Aux charretiers et voituriers, employés à des services locaux, de faire des chargements dans les lieux publics de leur domicile.

« Art. 3. — Dans les villes dont la population est au-dessous de 5,000 âmes, ainsi que dans les bourgs et villages, il est défendu aux cabaretiers, marchands de vins, débitants de boissons, traiteurs, maîtres de paume et de billard, de tenir leurs maisons ouvertes et d'y donner à boire et à jouer, lesdits jours, pendant le temps de l'office. (Ce mot office désigne la messe comme les vêpres.)

« Art. 4 — Les contraventions aux dispositions ci-desssus seront constatées par procès-verbaux des maires et des adjoints ou commissaires de police.

« Art. 5. — Elles seront jugées par les tribu-

naux de simple police, et punies d'une amende
qui, pour la première fois, ne pourra excéder cinq
francs.

« ART. 6. — En cas de récidive, les contreve-
nants pourront être condamnés au maximum des
peines de police.

« ART. 7. — Les défenses précédentes ne sont
pas applicables :

« 1º Aux marchands de comestibles de toute nature, sauf cependant l'exécution de l'article 5 ;

« 2º A tout ce qui tient au service de santé ;

« 5º Aux postes, messageries et voitures publiques ;

« 4º Aux voituriers de commerce par terre et
par eau et aux voyageurs ;

« 5º Aux usines dont le service ne pourrait être
interrompu sans dommage ;

« 6° Aux ventes usitées dans les foires dites patronales, et au débit des menues marchandises dans les communes rurales, hors le temps de service;

« 7° Au chargement des navires marchands et autres bâtiments de service maritime.

« ART. 8. — Sont également exceptés des défenses ci-dessus les meuniers et les ouvriers employés :

« 1° A la moisson et aux autres récoltes;

« 2° Aux constructions et réparations motivées par un péril imminent, à la charge, dans ces deux cas. d'en demander la permission à l'autorité municipale. »

Malheureusement, cette loi n'est observée presque nulle part; cependant elle n'est nullement abrogée, ainsi que l'a déclaré plusieurs fois la cour de cassation, notamment le 24 juin 1838.

Le bon citoyen doit savoir le code Napoléon. Il doit aussi en connaître les modifications importantes qui, loin d'en altérer les règles et le nom, en sont au contraire les précieuses consécrations.

Instruits de la sorte, vous serez un bon père de famille et un conducteur humain envers les animaux, car pour devenir de braves et honnêtes gens, des ouvriers moraux, sobres, laborieux et religieux, il faut le secours de Dieu.

CHAPITRE DIXIÈME.

APPEL A LA JEUNESSE.

O jeunesse si brillante d'espérance, avenir de la religion et de la société, oui, si notre voix est entendue et comprise, nous ouvrirons des sources pures où tu viendras puiser la vérité et la vie et apprendre la voie qui conduit au vrai bonheur.

Plus heureux que tes pères, tu le connaîtras, ce Sauveur, père des hommes et leur maître; tu t'attacheras à lui par le fond des entrailles; tu apprendras le code pénal, la loi Grammont, les lois sur l'instruction primaire, et, lorsque tu connaîtras la belle et avantageuse loi militaire, tu crieras : *vive l'Empereur ! vive l'Empereur !*

Enfin, tu réaliseras les promesses de paix et de bonheur, accordées aux générations chrétiennes, en venant recevoir les leçons des instituteurs que le Gouvernement t'offre.

Pour te rendre cet important service, ces hommes s'immolent, se sacrifient aux pénibles fonctions de l'éducation, ensevelissent une vie sans gloire dans la poussière d'une classe de petits enfants, pour leur apprendre la religion, ouvrir leur intelligence à la justice et à la vérité, et leur cœur à toutes les vertus; leur enseignant tout ce qui peut rendre la vie agréable, les arts qui entretiennent ou amènent une heureuse aisance dans la famille.

Parents chrétiens, ce sont les anges tutélaires des jeunes années de vos enfants, ce sont vos coopérateurs par le zèle avec lequel ils font germer dans le cœur de la jeunesse non les convoitises de l'intérêt matériel et d'un froid égoïsme, mais les grands principes d'équité et de charité, les principes d'ordre et le respect pour les lois et pour le grand et glorieux règne de Napoléon III. Tout en faisant de bons pères de famille, on fait aussi de bons Français dévoués à la dynastie Napoléonienne.

Ils sont vos coopérateurs et vos aides, habitants des campagnes, pauvres de toutes conditions, et vos enfants sont négligés ; envoyez-les à l'école. Ces instituteurs, c'est parmi vous qu'ils se complaisent.

Vos enfants se présenteront donc à eux ; il les éclaireront, ils les formeront à une vie chrétienne, active et laborieuse en leur faisant aimer la vie champêtre, ils les rendront obéissants, dociles, fidèles, et ils feront, nous l'espérons, habiter la paix dans vos maisons et le bonheur dans vos cœurs, seules consolations qu'on puisse désirer dans ce monde.

CHAPITRE ONZIÈME.

APPEL AUX PÈRES DE FAMILLE.

En France, toute idée utile trouve vite un organe et un écho. Aussi, l'éminent Préfet de la Dordogne — qui veut le bonheur de ses administrés et qui est un bon juge, connaît parfaitement la maxime : que l'intelligence est un capital et l'instruction un bon placement, — vient d'instituer une Société pour le développement de l'Instruction primaire dans la Dordogne. Un Comité central a été formé par ses soins et sous sa présidence. Le but est d'encourager tous les enfants pauvres ou riches à fréquenter l'école. Il s'agit, maintenant, de subvenir aux frais des récompenses et d'achats d'objets classiques aux élèves indigents.

Sans doute, pères de famille et propriétaires, on peut compter que vous ne reculerez point devant une cotisation annuelle dont le minimum est fixé à un franc. Votre intérêt est engagé dans cette organisation de l'enseignement primaire. Ce n'est pas l'instituteur, ce ne sont pas les élèves seuls, c'est la France tout entière qui recueillera le bénéfice de cette belle et admirable Société.

A l'œuvre donc ! et veuillez apporter votre offrande, petite ou grande, à la mairie de votre commune.

Si vous avez du cœur, de l'âme et du sentiment, vous répondrez, je n'en doute pas, à l'appel de cet intelligent et dévoué Préfet.

Ensuite, quand vous connaîtrez les bienfaits de cette institution, vous bénirez de toutes vos forces et l'Empereur et M. le Préfet.

CHAPITRE DOUZIÈME.

LE LABOUREUR.

Perrin, courbé sur le sillon,
Grondait ses Bœufs et faisait rage,
Et, les pressant de l'aiguillon,
Disait : ouvriers sans courage !...

Le jour s'en va, voici le tard,
Et de leur tâche ils ont en somme
A grand'peine achevé le quart !
Il faut demain qu'on les assomme.

Dieu soit loué ! dit le plus vieux ;
Aussi bien ce travail nous tue,
Une mort prompte nous plaît mieux
Que votre éternelle Charrue.

La méchante au pauvre animal
Attire et menace et piqûre :
Parlez-lui ; je ferais gageure
Que c'est elle ici qui va mal.

Eh ! bien, dit l'homme, allez, Charrue,
Allez donc ! n'entendez-vous pas ?
Devant, derrière, on s'évertue
Et vous ne pouvez faire un pas !

On se plaint de moi : quelle injure !
Répondit-elle en gémissant,
Je vais de mon mieux, je vous jure !
Voyez ce fer obéissant !

Il est poli comme une glace,
Et brûlant moins sous le marteau,
Mais comment emporter morceau
D'un sol si dur et si tenace ?

Ainsi, Champ fatal, c'est donc toi
Que devrait punir ma colère !
Dit le rustre en frappant la Terre,
Songe un peu que je suis ton roi !

Pourquoi ces barbares caprices ?
Toujours trempé de mes sueurs

Tu veux l'être encor de mes pleurs,

Et mon sang ferait tes délices ?

A ces mots, du sein des guérets

Une voix s'élève et lui crie :

Mets donc un terme à ta furie,

Ou je retire mes bienfaits.

Insensé , tes Bœufs, ta Charrue ,

Ton Champ font très-bien leur devoir ;
Les défauts qu'en eux tu crois voir,

C'est chez toi qu'ils frappent ma vue.

Tu veux gronder, apprends d'abord ,

Apprends des experts du village

A bien guider ton attelage ,

Et tais-toi, car toi seul as tort.

CHAPITRE TREIZIÈME.

LE CHANT DES MOISSONEURS.

Debout, debout, pour les moissons,
Jeunes filles, jeunes garçons !
De l'alouette au gai ramage
Entendez-vous le chant d'amour ?
Nous troublerons son doux ménage :
Pour ses petits quel mauvais jour !

L'aube sourit dans le lointain :
Quel beau pays ! quel beau matin !
Le batelier fuit le rivage,
Et le berger sort du bercail ;
Le vieux clocher pour le village
A sonné l'heure du travail.

Ah ! ce travail, c'est le bonheur ;
C'était l'espoir du moissonneur.
Sous le marteau la faux résonne ;
La troupe aux champs a pris l'essor,

Et sous ses mains, riche couronne,
Je vois tomber les épis d'or !

Pour assembler leurs flots épars
Venez, venez, femmes, vieillards !
A nous, amis des gerbes mûres,
A nous de serrer les liens :
Ouvrez vos flancs, larges voitures ;
Suffirez-vous à tant de biens ?

C'est le ciel qui les a donnés.
Enfants, de bluets couronnés,
Assis sur la paille dorée,
Chantez-lui vos douces chansons,
Au village faites entrée :
Louange au Père des moissons !

CHAPITRE QUATORZIÉME.

LOI SUR LE RECRUTEMENT DE L'ARMÉE ET L'OR-GANISATION DE LA GARDE NATIONALE MOBILE, PROMULGUÉE LE 1ᵉʳ FÉVRIER 1868.

Cette loi sera lue et méditée avec soin par la jeunesse française des deux sexes , par leurs pères et mères et leurs amis. Elle doit être placée dans le foyer de la famille , comme la sainte branche de buis bénie le jour des Rameaux , qui est le symbole du bonheur et de l'union.

DU RECRUTEMENT DE L'ARMÉE.

ARTICLE 1ᵉʳ. — Les articles 4 , 13 , 15 , 30 , 33 et 36 de la loi du 21 mars 1852 sont modifiés ainsi qu'il suit :

ART. 4. Le tableau de la répartition entre les départements du nombre d'hommes à fournir en vertu de la loi annuelle du contingent pour les troupes de terre et de mer, sera annexé à ladite loi. **Le** mode de cette répartition **s**era fixé par la même loi.

Art. **13.** — Seront exemptés et remplacés, dans l'ordre des numéros subséquents, les jeunes gens que leur numéro désignera pour faire partie du contingent et qui se trouveront dans un des cas suivants, savoir :

1° Ceux qui n'auront pas la taille d'un mètre cinquante-cinq centimètres ; 2° ceux que leurs infirmités rendront impropres au service ; 3° l'aîné d'orphelins de père et de mère ; 4° le fils unique ou l'aîné des fils, ou à défaut de fils ou de gendre, le le petit-fils unique ou l'aîné des petits-fils d'une femme actuellement veuve, ou d'un père aveugle ou entré dans sa soixante-dixième année. Dans les cas prévus par les paragraphes ci-dessus notés 3° et 4°, le frère puîné jouira de l'exemption, si le frère aîné est aveugle ou atteint de toute autre infirmité incurable qui le rende impotent ; 5° le plus âgé de deux frères appelés à faire partie du même tirage, et désignés tous deux par le sort si le plus jeune est reconnu propre au service; 6° celui dont un frère sera sous les drapeaux à tout autre titre que pour remplacement; 7° celui dont un frère sera mort en activité de service, ou aura été réformé ou admis à la retraite pour blessures reçues dans un service commandé, ou infirmités contractées dans l s armées de terre ou de mer. — L'exemption accordée conformément, soit au n° 6, soit au n° 7 ci-dessus, ne sera appliquée qu'à un seul frère pour un même cas, mais elle se répétera dans la même famille autant de fois que les mêmes droits s'y reproduiront. Seront néanmoins comptées, en déduction desdites exemptions, les exemptions déjà accordées aux frères vivants, en vertu des numéros 1, 3, 4 et 5 du présent article. Le jeune homme omis qui ne se sera pas présenté par lui ou ses ayants cause, pour concourir au tirage de la classe auquel il appartenait, ne pourra réclamer le bénéfice des exemptions indiquées, si les causes de ses exemptions ne sont survenues que postérieurement à la clôture des listes du contingent de sa classe. Les causes d'exemptions prévues par les articles 3, 4, 5, 6 et 7 ci-dessus devront, pour produire leur effet, exister au jour où le conseil de révision est appelé à statuer. Celles qui surviendront entre la décision du conseil de révision et le 1ᵉʳ juillet, point de départ de la durée du service de chaque contingent, ne modifieront pas la position légale des jeunes gens désignés pour en faire définitivement partie. Néanmoins l'appelé qui, postérieurement soit à la décision du conseil de révision, soit au 1ᵉʳ juillet, deviendra l'aîné d'orphelins de père et de mère, le fils unique ou l'aîné des fils, ou, à défaut du fils ou du gendre, le petit-fils unique ou l'aîné des petits-fils d'une femme veuve ou d'un père aveugle, sera, sur sa demande, et pour le temps qu'il a encore à servir, assimilé aux militaires de la réserve, et ne pourra être appelé qu'en temps de guerre.

L'art. 15 est relatif aux opérations du recrutement composé d'un conseil de révision.

Art. 30. La durée du service pour les jeunes
soldats faisant partie des deux portions du contingent mentionnées dans l'art. précédent est de
cinq ans, à l'expiration desquels ils passent dans
la réserve, où ils servent quatre ans, en demeu-
rant affectés, suivant leur service antérieur, soit à
l'armée de terre, soit à l'armée de mer. La durée
du service compte du 1er juillet de l'année du tirage au sort. Les miltaires de la réserve ne peuvent être rappelés à l'activité qu'en temps de
guerre, par décret de l'Empereur après épuise-
ment complet des classes précédentes, et par
classe, en commençant par la moins ancienne Ce
rappel pourra être fait d'une manière distincte et
indépendante pour la réserve de l'armée de terre
et pour celle de l'armée de mer. Les militaires de
la réserve peuvent se marier sans autorisation
dans les trois dernières années de leur service.

Cette faculté est suspendue par l'effet du décret de rappel à l'activité. Les hommes mariés de la réserve restent soumis à toutes les obligations du service militaire. Le 30 juin de chaque année, en temps de paix, les soldats qui auront achevé leur temps de service dans la réserve recevront leur congé définitif. Ils le recevront, en temps de guerre, immédiatement après l'arrivée au corps du contingent destiné à les remplacer.

Les art. 35 et 36 concernent seulement les engagements.

L'article 2 de la nouvelle loi autorise le remplacement.

DE LA GARDE NATIONALE MOBILE.

ART. 3. — Une garde nationale mobile sera constituée à l'effet de concourir, comme auxiliaire de l'armée active , à la défense des places fortes , des côtes et des frontières de l'Empire, et au maintien de l'ordre dans l'intérieur. Elle ne peut être appelée à l'activité que par une loi spéciale. Toutefois , les bataillons peuvent être réunis au chef-lieu ou sur un point quelconque de leur département . par un décret de l'Empereur, dans les vingt jours précédant la présentation de la loi de mise en activité. Dans ce cas, le ministre de la guerre pourvoit au logement et à la nourriture des officiers, sous-officiers, caporaux et soldats.

Art. 4 — La garde nationale mobile se compose : 1° Des jeunes gens des classes des années 1867 et suivantes qui n'ont pas été compris dans le contingent, en raison de leur numéro du tirage ; 2° de ceux des mêmes classes auxquels il a été fait application des cas d'exemption prévus par les numéros 3 , 4, 5, 6 et 7 de l'art 13 de la loi du 21 mars 1832 ; 3° de ceux des mêmes classes qui se sont fait remplacer dans l'armée.

Peuvent également être admis dans la garde nationale mobile, ceux qui, libérés du service militaire ou de la garde nationale mobile, demandent à en faire partie.

Art. 5. — La durée du service dans la garde nationale mobile est de cinq ans. Elle compte du 1er juillet de l'année du tirage au sort.

Art. 6. — Les jeunes gens de la garde nationale mobile continuent à jouir de tous les droits du citoyen; ils peuvent contracter mariage sans autorisation, à quelque période que ce soit de leur service; ils peuvent librement changer de domicile ou de résidence; ils peuvent voyager en France ou à l'étranger, sans que le manquement aux exercices ou aux réunions résultant de cette absence puisse devenir contre eux le motif d'une poursuite. Tout garde national mobile peut être admis comme remplaçant, dans l'armée active ou dans la réserve, s'il remplit les conditions des articles 19, 20 et 21 de la loi du 21 mars 1852. Dans ce cas, le remplacé est tenu de s'habiller et de s'équiper à ses frais, comme garde national mobile.

Art. 7. — Le conseil de révision pourra dispenser du service d'activité, à titre de soutien de famille, jusqu'à concurrence de quatre pour cent, ceux qui auront le plus de titres à cette dispense.

Art. 8. — La garde nationale mobile est organisée par départements, en bataillons, compagnies et batteries. Ils ne reçoivent de traitement que si la garde nationale mobile est appelée à l'activité.

Art. 9. — Les jeunes gens de la garde nationale mobile sont soumis, à moins d'absence légitime :
time :

1° A des exercices qui ont lieu dans le canton de la résidence ou du domicile ;

2° A des réunions par compagnie ou par bataillon, qui ont lieu dans la circonscription de la compagnie ou du bataillon. — Chaque réunion ne peut donner lieu, pour les jeunes gens qui y sont appelés, à un déplacement de plus d'une journée, et elles ne peuvent se répéter plus de quinze fois par année.

ART. 10. Pendant la durée des exercices et des réunions, la garde nationale mobile est soumise à la discipline réglée par les articles 113, 114 et 116 de la loi du 13 juin 1851 sur la garde nationale, ainsi que par les articles 5, 81 et 83 de ladite loi.

ART. 11. — A dater de la loi de mise en activité de la garde nationale mobile, les officiers, sous-officiers, caporaux et gardes nationaux qui la composent sont soumis à la discipline et aux lois militaires. Ils supportent les charges et jouissent des avantages attachés à la situation des soldats, caporaux, sous-officiers et officiers de l'armée.

Art. 12. — Sont abrogées toutes les dispositions contraires à la présente loi.

Art. 13. — Les jeunes gens de la classe de 1867 jouissent simultanément du droit de se faire remplacer ou exonérer.

Art. 14. — Font partie de la garde nationale mobile, sauf les exceptions prévues par l'art. 4 de la présente loi, les hommes célibataires ou veufs sans enfants des classes de 1866, 1865, 1864 qui ont été libérés par les conseils de révision. Ceux de la classe de 1866 y serviront 4 ans; ceux de 1865 y serviront 3 ans; ceux de 1864 y serviront 2 ans.

CHAPITRE QUINZIÉME.

LOI SUR L'ENSEIGNEMENT PRIMAIRE VOTÉE PAR LE CORPS LÉGISLATIF LE 11 MARS 1867, ET SANCTIONNÉE PAR L'EMPEREUR LE 10 AVRIL 1867.

ART. 1er — Toute commune de cinq cents habitants et au-dessus est tenue d'avoir au moins une école publique de filles, si elle n'en est pas dispensée par le conseil départemental, en vertu de l'article 15 de la loi du 15 mars 1850.

Dans toute école mixte tenue par un instituteur, une femme nommée par le préfet, sur la proposition du maire, est chargée de diriger les travaux à l'aiguille des filles. Son traitement est fixé par le préfet, après avis du conseil municipal.

ART. — 2. Le nombre des écoles publiques de garçons ou de filles à établir dans chaque commune est fixé par le conseil départemental, sur l'avis du conseil municipal.

Le conseil départemental détermine les écoles publiques de filles auxquelles, d'après le nombre des élèves, il doit être attaché une institutrice adjointe.

Les paragraphes 2 et 3 de l'article 54 de la loi du 15 mars 1850 sont applicables aux institutrices adjointes.

Ce conseil détermine, en outre, sur l'avis du conseil municipal, les cas où, à raison des circonstances, il peut être établi une ou plusieurs écoles de hameau dirigées par des adjoints ou des adjointes.

Les décisions prises par le conseil départemental, en vertu des paragraphes 1, 2 et 4 du présent article, sont soumises à l'approbation du ministre de l'instruction publique.

ART. 3. — Toute commune doit fournir à l'institutrice, ainsi qu'à l'instituteur adjoint et à l'institutrice adjointe dirigeant une école de hameau , un local convenable tant pour leur habitation que pour la tenue de l'école , le mobilier de classe et un traitement.

Elle doit fournir à l'adjoint et à l'adjointe un traitement et un logement.

ART. 4. — Les institutrices communales sont divisées en deux classes.

Le traitement de la première classe ne peut être inférieur à cinq cents francs, et celui de la seconde à quatre cents francs.

ART. 5. — Les instituteurs adjoints sont divisés en deux classes.

Le traitement de la première classe ne peut être inférieur à cinq cents francs, et celui de la seconde à quatre cents francs.

Le traitement des institutrices adjointes est fixé à trois cent cinquante francs.

Le traitement des adjoints et adjointes tenant une école de hameau est déterminé par le préfet, sur l'avis du conseil municipal et du conseil départemental.

ART. 6. — Dans le cas où un ou plusieurs adjoints ou adjointes sont attachés à une école, le conseil départemental peut décider, sur la proposition du conseil municipal, qu'une partie du produit de la rétribution scolaire servira à former leur traitement.

ART. 7. — Une indemnité, fixée par le ministre de l'instruction publique, après avis du conseil municipal et sur la proposition du préfet, peut être accordée annuellement aux instituteurs et institutrices dirigeant une classe communale d'adultes, payante ou gratuite, établie en conformité du paragraphe 1er de l'article 2 de la présente loi.

Art. 8. — Toute commune qui veut user de la faculté accordée par le paragraphe 3 de l'article 36 de la loi du 15 mars 1850 d'entretenir une ou plusieurs écoles entièrement gratuites, peut, en sus de ses ressources propres et des centimes spéciaux autorisés par la même loi, affecter à cet entretien le produit d'une imposition extraordinaire qui n'excédera pas quatre centimes additionnels au principal des quatre contributions directes.

En cas d'insuffisance des ressources indiquées au paragraphe qui précède, et sur l'avis du conseil départemental, une subvention peut être accordée à la commune sur les fonds du département, et, à leur défaut, sur les fonds de l'État, dans les limites du crédit spécial porté annuellement à cet effet au budget du ministère de l'instruction publique.

Art. 9. — Dans les communes où la gratuité est établie en vertu de la présente loi, le traitement des instituteurs et des institutrices publics se compose :

1° D'un traitement fixe de deux cents francs ;

2° D'un traitement éventuel calculé à raison du nombre d'élèves présents, d'après un taux de rétribution déterminé chaque année par le préfet, sur l'avis du conseil municipal et du conseil départemental ;

3° D'un supplément accordé à tous les instituteurs et institutrices dont le traitement fixe, joint au produit de l'éventuel, n'atteint pas, pour les instituteurs, les *minima* déterminés par l'article 38 de la loi du 15 mars 1850 et par le décret du 19 avril 1862, et pour les institutrices, les *minima* déterminés par l'article 4 ci-dessus.

Art. 10. — Dans les autres communes, le trai-

tement des instituteurs et des institutrices publics
se compose :

1° D'un traitement fixe de deux cents francs ;

2° Du produit de la rétribution scolaire ;

3° D'un traitement éventuel calculé à raison du
nombre d'élèves gratuits présents à l'école, d'après
un taux déterminé, chaque année, par le préfet,
sur l'avis du conseil municipal et du conseil départemental ;

4° D'un supplément accordé à tous les instituteurs et institutrices dont le traitement fixe, joint
au produit de la rétribution scolaire et du traitement éventuel, n'atteint pas, pour les instituteurs,
les *minima* déterminés par l'article 38 de la loi du
15 mars 1850 et par le décret du 19 avril 1862, et
pour les institutrices, les *minima* déterminés par
l'article 4 ci-dessus.

Art. 11. — Le traitement déterminé conformément aux deux articles précédents, pour les instituteurs et les institutrices en exercice au moment de la promulgation de la présente loi, ne peut être inférieur à la moyenne de leurs émoluments pendans les trois dernières années.

Art. 12. — Le préfet du département et le maire de la commune peuvent se pourvoir devant le ministre de l'instruction publique contre les délibérations du conseil départemental prises, en vertu du deuxième paragraphe de l'article 15 de la loi de 1850, pour la fixation du taux de la rétribution scolaire.

Art. 13. — Dans les communes qui n'ont point à réclamer le concours du département ni de l'État pour former le traitement des instituteurs et institutrices, tel qu'il est déterminé par les artirles 9 et 10, ce traitement peut, sur la demande du conseil municipal, être remplacé par un traitement fixe, avec l'approbation du préfet, sur l'avis du conseil départemental.

Art. 14. — Il est pourvu aux dépenses résultant des articles 1, 2, 3, 4, 5 et 7 ci-dessus comme à celles résultant de la loi de 1850, au moyen des ressources énumérées dans l'article 40 de ladite loi, augmentées d'un troisième centime départemental additionnel au principal des quatre contributions directes.

Art. 15. — Une délibération du conseil municipal, approuvée par le préfet, peut créer, dans toute commune, une caisse des écoles destinée à encourager et à faciliter la fréquentation de l'école par des récompenses aux élèves assidus et par des secours aux élèves indigents.

Le revenu de la caisse se compose de cotisations volontaires et de subventions de la commune, du département ou de l'État. Elle peut recevoir, avec l'autorisation des préfets, des dons et des legs.

Plusieurs communes peuvent être autorisées à se réunir pour la formation et l'entretien de cette caisse.

Le service de la caisse des écoles est fait gratuitement par le percepteur.

Art. 16. — Les éléments de l'histoire et de la géographie de la France sont ajoutés aux matières obligatoires de l'enseignement primaire.

Art. 17. — Sont soumises à l'inspection, comme les écoles publiques, les écoles libres qui tiennent lieu d'écoles publiques, aux termes du quatrième paragraphe de l'article 36 de la loi de 1850, ou qui reçoivent une subvention de la commune, du département ou de l'État.

Art. 18. — L'engagement de se vouer pendant dix ans à l'enseignement public, prévu par l'article 79 de la même loi, peut être réalisé, tant par les instituteurs que par leurs adjoints, dans celles des écoles mentionnées à l'article précédent qui sont désignées à cet effet par le ministre de l'instruction publique, après avis du conseil départemental.

L'engagement décennal peut être contracté, avant le tirage, par les instituteurs adjoints des écoles mentionnées ainsi qu'il vient d'être dit.

Sont applicables à ces mêmes écoles les dispositions de l'article 34 de la loi de 1850, concernant la fixation du nombre des adjoints, ainsi que le mode de leur nomination et de leur révocation.

Art. 19. — Les décisions du conseil départemental rendues dans les cas prévus par l'article 28 de la loi de 1850, peuvent être déférées, par voie d'appel, au conseil impérial de l'instruction publique.

Cet appel doit être interjeté dans le délai de dix

jours, à compter de la notification de la décision.

ART. 20. — Tout instituteur ou toute institutrice libre qui, sans en avoir obtenu l'autorisation
du conseil départemental, reçoit dans son école des
enfants d'un sexe différent du sien, est passible
des peines portées à l'article 29 de la loi de 1850.

ART. 21. — Aucune école primaire, publique ou
libre, ne peut, sans l'autorisation du conseil départemental, recevoir d'enfants au-dessous de dix
ans, s'il existe dans la commune une salle d'asile
publique ou libre.

ART. 22. — Sont abrogées les dispositions des
lois antérieures en ce qu'elles ont de contraire à la
présente loi.

CHAPITRE SEIZIÈME.

QUESTIONNAIRE POUR L'ENSEIGNEMENT AGRICOLE

DANS LES ÉCOLES PRIMAIRES RURALES.

DEMANDE. — Qu'est-ce que l'agriculture ?

RÉPONSE. — L'agriculture est l'art de cultiver les champs.

D. Que cultive-t-on dans les champs ?

R. On cultive le blé, le seigle, le sarrazin, le maïs, l'avoine, la pomme de terre, la carotte, etc.

D. Qu'est-ce que l'horticulture ?

R. L'horticulture est l'art de cultiver les jardins.

D. Que cultive-t-on dans les jardins ?

R. On cultive les pois, les fèves, les choux, les oignons, les ails, la salade, la chicorée, l'oseille, etc.

D. Qu'est-ce que la viticulture ?

R. La viticulture est l'art de cultiver la vigne.

D. Qu'est-ce que la vigne ?

R. La vigne est la plante la plus utile à l'homme et en même temps une des plus riches productions du sol français.

D. Qu'est-ce que la sylviculture ?

R. La sylviculture est l'art de cultiver les forêts.

D. Comment s'opère la formation d'un bois ?

R. La formation d'un bois s'opère par semis ou par plantations.

D. Quels sont les arbres forestiers ?

R. Les arbres forestiers sont :

1° L'Acacia. — Son bois est excellent, difficile à fendre ; on en construit des courbes de vaisseaux, des meubles et des échalas.

2º L'Aune. — Il croît au bord des eaux et dans des terrains marécageux, son bois s'altère dans l'eau.

3º Le Bouleau.— Le bouleau se multiplie comme l'aune de toutes les manières ; on fabrique de son bois des gobelets, des sabots et des cercles.

4º Le Charme. — Son bois s'emploie dans le charronnage.

5º Le Châtaignier. — C'est un des arbres les plus précieux de nos forêts par la qualité de ses fruits, qui, dans une partie de la France, sont la nourriture des habitants, surtout dans le Limousin.

6º Le Chêne. — C'est le véritable roi des forêts. Il est employé aux constructions, à la navigation et au chauffage.

7º Le Cerisier. — Parmi les diverses espèces de cerisiers, le mérisier paraît être le plus important.

8° L'Érable. — L'érable se plaît dans les terrains secs; son bois est recherché par les tourneurs, les menuisiers et les ébénistes.

9° Le Frêne. — Le frêne croît dans les terres légères. De son bois on fait des chaises, des cercles et des tonneaux.

10° Le Hêtre. — Le hêtre s'élève à une grande hauteur et forme en Europe de vastes forêts. On fait de son bois des poutres de cent pieds de long.

11° Le Mélèze. — C'est un grand arbre résineux qui croît dans le nord de l'Europe.

12° L'Orme. — L'orme est cultivé dans la plus grande partie de la France, à cause de la facilité de sa culture.

13° Le Peuplier. — Le peuplier est utile par la rapidité de sa croissance; son bois est sec, léger et tendre.

14° Le Pin. — Le pin est un arbre dont la culture peut être utile, soit pour les mâts des vaisseaux, soit pour la charpente et la menuiserie.

15° Le Platane. — Le platane est un bois excellent ; il vient d'une extrême grosseur et croît dans presque tous les terrains.

16° Le Saule. — Le saule blanc aime le bord des rivières ; on l'exploite en têtards ; c'est-à-dire -qu'on le coupe à six pieds de long.

17° Le Sureau.— Le sureau, avec lequel les enfants font des pistolets à leur manière, croît dans les bois et dans les haies ; ses feuilles appliquées sur les douleurs de goutte les font souvent disparaître.

D. N'y a-t-il rien de commun entre ces différentes manières de cultiver la terre ?

R. Les principes généraux de l'agriculture s

communs et applicables à tous les genres de culture de la terre.

D. Qu'appelle-t-on terres franches ?

R. Les terres franches sont composées d'argile, de sable et de chaux dans les proportions les plus favorables à la culture.

D. Qu'est-ce que les terres fortes?

R. Les terrains argileux sont difficiles à travailler, résistent aux instruments; de là leur vient le nom de terres fortes.

D. Qu'est-ce que les terres légères ?

R. Les terrains sableux ou siliceux se laissent traverser par l'eau comme un crible.

D. Qu'appelle-t-on terres calcaires ?

R. Les terres calcaires sont celles où domine la pierre dont on fait la chaux.

D. Qu'entend-on par amendements en agriculture ?

R. Par amendements, on entend les substances minérales qui rendent la terre plus fertile en agissant sur elle.

D. Qu'est-ce qu'un engrais ?

R. Un engrais est une matière végétale ou animale propre à faire naître ou à entretenir la fécondité du sol.

D. Qu'est-ce que le sol ?

R. Le sol est la couche supérieure de la terre où croissent les plantes et les arbres.

D. Y a-t-il plusieurs espèces d'engrais ?

R. Il y a trois espèces d'engrais : les engrais animaux, les engrais végétaux et les engrais mixtes.

D. Dites les exemples de chacune de ces espèces d'engrais.

R. La chair et le sang sont les engrais animaux, la paille et les récoltes forment les engrais végétaux, l'engrais mixte se rencontre ordinairement dans les fumiers.

D. Quelle est la plus estimée de ces espèces d'engrais ?

R. Les engrais animaux sont les plus estimés.

D. Quelles sont les plantes farineuses ?

R. Ce sont le froment, le seigle, l'avoine, l'orge, le sarrasin et quelques autres.

D. Qu'est-ce qu'une prairie artificielle ?

R. C'est un champ labouré dans lequel on a semé des plantes fourragères.

D. Faites connaître les plus importantes de ces plantes?

R. Ce sont : la luzerne, le sainfoin et les trèfles.

D. Qu'est-ce que le fourrage ?

R. Le fourrage, ce sont les trèfles, la luzerne, le sainfoin, les vesces.

D. Quand est-il utile d'irriguer les prairies?

R. Lorsqu'elles sont établies sur un terrain sec, lorsque l'eau convient à ce terrain.

D. Qu'est-ce que le drainage ?

R. Le drainage consite à déterminer l'écoulement souterrain de l'excès des eaux de source et de pluie.

D. Comment s'obtient ce moyen?

R. Ce but s'obtient au moyen de conduits appropriés à cette fin.

D. Quels conduits emploie-t-on au drainage ?

R. Ces conduits sont en terre cuite ; ils sont composés de tuyaux longs de 50 à 55 centimètres, placés bout à bout. — C'est par les joints de ces tuyaux que l'eau rentre dans les conduits.

D. Qu'appelle-t-on chaulage ?

R. On appelle chaulage l'opération qui consiste à mélanger au sol une certaine quantité de chaux.

D. Dans quels terrains convient le chaulage ?

R. Le chaulage convient dans tous les terrains dépourvus de substances calcaires.

D. Quel résultat peut-on obtenir au moyen du chaulage ?

R. Les revenus d'une propriété peuvent se décupler dans moins de dix ans.

D. Qu'est-ce que l'assolement ?

R. L'assolement est la division en plusieurs parties des terres cultivables d'une exploitation.

D. Quel est le meilleur assolement ?

R. La bonté de l'assolement dépend des circonstances locales, de la nature du sol.

D. Qu'appelez-vous jachère ?

R. On appelle jachère l'état de repos dans lequel on laisse le terrain pendant une année entière ?

D. Quels sont les avantages de la suppression de la jachère.

R. La suppression de la jachère et son remplacement par des plantes sarclées et par des fourrages offre beaucoup d'avantages.

D. Qu'appelez-vous animaux domestiques ?

R. On appelle animaux domestiques, les animaux qui s'élèvent et qui se nourrissent dans le domaine.

D. Faites connaître leur utilité en agriculture?

R. Ils sont avantageux sous le triple rapport de la force, des produits et des engrais.

D. Combien y a-t-il d'espèces d'animaux domestiques?

R. Quatre :

Les chevaux sont l'espèce chevaline, les bœufs, l'espèce bovine, les moutons, l'espèce ovine, et les porcs, l'espèce porcine.

D. Faites connaître les soins qu'ils exigent?

R. L'animal bien soigné, comme vous avez vu dans le courant de cet ouvrage, se porte bien, travaille hardiment, fait de bon fumier, engraisse vite et se vend cher.

D. Qu'est-ce que les mauvais traitements?

R. L'animal mal soigné et battu, comme vous avez vu aussi, se porte mal, travaille péniblement, fait peu de fumier, n'engraisse pas et se vend peu cher.

D. Qu'appelez-vous instruments aratoires ?

R. Les divers instruments dont on se sert pour travailler la terre se nomment instruments aratoires.

D. N'y en a-t-il pas de deux sortes ?

R. Ces instruments sont de deux sortes : 1° ceux que l'homme fait valoir seul avec les bras, tels que la pelle, la bêche, la pioche, la brouette, etc.; 2° ceux que l'homme ne peut employer qu'à l'aide des animaux, tels que la charrue, le rouleau, la herse, le tombereau, la charrette, etc.

D. Qu'est-ce que la charrue?

R. La charrue est un instrument dont l'homme se sert pour labourer à l'aide de bœufs ou de chevaux.

D. Comment nomme-t-on vulgairement la charrue ?

R. On la nomme le roi des instruments aratoires.

D. Faites connaître les principales espèces de charrues ?

R. Nous avons deux sortes de principales charrues : les charrues à avant-train et les charrues sans avant-train ou araires.

D. Dites les pièces principales dont se compose la charrue?

R. Ces pièces sont : l'age, le coutre, le soc, l'oreille ou versoir, le cep et les mancherons.

D. Combien coûte une charrue sans avant-train ?

R. Le prix d'une charrue sans avant-train est de 60 fr. environ.

D. Combien coûte une charrue à avant-train ?

R. Le prix d'une charrue à avant-train est de 120 fr. environ.

D. Combien coûte une herse Valcourt ?

R. Le prix d'une herse Valcourt est de 40 fr. environ.

D. Combien coûte un rouleau Croskwill ?

R. Le prix d'un rouleau Croskwill est de 200 à 300 fr. environ.

D. Quel est le prix d'une houe à cheval ?

R. Le prix d'une houe à cheval est de 50 francs environ.

D. Quel est le prix d'un scarificateur ?

R. Le prix d'un scarificateur est de 165 fr.

D. Quel est le prix d'un rateau à cheval ?

R. Le prix d'un rateau à cheval est de 250 fr.

D. Dites le prix d'une herse articulée ?

R. Le prix d'une herse articulée est de 120 fr. environ.

D. Quelles sont les conditions qu'exigent pour bien réussir les plantes de nos jardins ?

R. Les plantes que l'on cultive dans les jardins sont généralement très-exigeantes.

D. Qu'est ce qu'un verger de ferme ?

R. Un verger de ferme est un terrain planté d'arbres fruitiers faciles à cultiver.

D. Comment les arbres fruitiers se reproduisent-ils ?

R. Les arbres fruitiers se reproduisent par leurs graines appelées pépins ou noyaux.

D. Qu'est-ce que la greffe ?

R. La greffe est une opération par laquelle on transporte un rameau ou un œil d'un végétal sur la tige d'un autre végétal de manière qu'il s'y incorpore.

D. A quelle époque se fait la greffe en écusson ?

R. La greffe en écusson se fait à deux époques de l'année, au printemps et à la fin de l'été.

D. Qu'appelle-t-on greffe par approche ?

R. La greffe par approche est l'union de deux plantes qui tiennent au sol par leurs racines

D. Comment s'obtiennent les beaux plants ?

R. Le succès d'un semis dépend en grande partie de la qualité des graines. Pour avoir de beaux plants, il faut semer de bonnes graines.

D. Quels soins doit-on donner aux porte-graines ?

R. Il faut visiter souvent les porte-graines, les préserver des dégâts des insectes et des oiseaux.

D. Qu'appelez-vous légumes ou plantes potagères ?

R. On appelle plantes potagères les plantes que l'homme cultive dans les jardins pour servir à sa nourriture.

D. Quelles sont les fleurs que l'on met dans les plates-bandes ?

R. La bordure est formée de plantes naines, ou qui montent peu, telles que le *Gazon d'Espagne,* l'*OEillet mignardise,* la *Paquerette,* les *Oreilles d'ours*, le *Muguet* , la *Violette* et les *Primevères*.

D. Derrière ce premier rang de fleurs, quelles sont les plantes qui doivent s'élever un peu au-dessus de la bordure ?

R. L'*OEillet du poëte* , les *Pieds d'alouettes* , le *Désespoir du peintre* , la *Reine-Marguerite* et beaucoup d'autres conviennent parfaitement au second rang.

D. Quelles fleurs emploie-t-on pour le troisième rang ?

R. On emploie pour le troisième rang les *Lis* , les *Glayeuls* , les *Asters* , les *Soleils* , les *Roses trémières* et les *Dahlias*.

D. Quel est le but de tailler les arbres ?

R. La taille des arbres a pour but de leur donner une forme agréable, ou de régler leur force de végétation en vue de la quantité des fruits.

D. Quels sont dans les oiseaux et les animaux ceux qui font le plus de dégâts dans les jardins ?

R. Au nombre de ces ennemis nous citerons les moineaux , les pinsons, les linottes, les souris, les rats, les mulots et les loirs dont les dégâts tourmentent souvent le jardinier.

Employez contre eux les épouvantails pour les éloigner de vos jardins, employez le fusil quand ils se réunissent en troupes pendant l'hiver. N'épargnez pas non plus les pies, les merles et les loriots.

D. Doit-on faire la guerre à tous les animaux ?

R Gardez-vous d'envelopper dans cette proscription les oiseaux inoffensifs, tels que le rossignol, l'hirondelle, la mésange, qui ne mangent ni graines, ni fruits.

CHAPITRE DIX-SEPTIÈME.

POLITESSE. — PROPRETÉ.

Dem. Doit-on être poli?

Rép. Oui, tout homme doit se faire un devoir d'être poli, parce que la civilité chrétienne veut que nous rendions l'honneur à qui il appartient.

D. Qu'est-ce que la propreté?

R. Elle est essentielle à tout le monde, mais elle demande des soins tout particuliers de la part des enfants.

D. Comment doivent être tenus les cheveux?

R. Les cheveux doivent être peignés et brossés tous les matins. Il vaut mieux les porter courts que longs, afin de s'épargner le temps considérable qui résulte du soin d'une longue chevelure.

D. Le visage doit-il être soigneusement lavé?

R. Oui, le visage doit être fréquemment lavé avec de l'eau fraîche. On doit bien frotter le derrière du cou, bien nettoyer les oreilles, les yeux, etc.

D. La bouche demande-t-elle beaucoup d'attention?

R. Pour éviter l'inconvénient si fâcheux d'une mauvaise haleine, il faut se rincer la bouche avec de l'eau pure.

D. Y a-t-il des enfants qui gâtent leurs dents?

R. Ils gâtent leurs dents en mordant des fruits qui ne sont pas mûrs, en coupant de la ficelle ou d'autres objets semblables, ou en suspendant à leurs dents des corps pesants.

Il y en a aussi qui se déforment la bouche en faisant des grimaces, et en se mordant les lèvres.

D. Ne voit-on pas des enfants souffrir des maux d'oreilles ?

R. Cela tient au défaut de propreté ou bien à la violence des cris qu'ils s'amusent à pousser les uns les autres.

D. Le devant du cou doit-il être soigneusement lavé ?

R. On doit éviter de porter des cravates qui déteignent, ces couleurs disparaissent difficilement, et le cou présente alors un aspect fort désagréable.

D. Les mains doivent-elles être soigneusement lavées ?

R. Les mains doivent être lavées avant et après chaque repas, ainsi que toutes les fois qu'on a pu les salir. Les ongles doivent être coupés souvent et tenus dans un grand état de propreté. Il est aussi très-impoli de les couper en société.

On ne saurait avoir trop d'attention à la propreté des pieds. Tous les mois, au moins, il convient de les laver et d'en couper les ongles.

D. Les vêtements ne demandent-ils pas moins de soins que le corps ?

R. On n'exige pas des habits riches, mais on est toujours en droit d'exiger des habits propres, non déchirés et bien portés.

Le bas du pantalon doit être lavé par les enfants quand ils marchent dans la boue.

La coiffure la plus simple est la meilleure, mais elle demande beaucoup de soins. Il n'est que trop commun de voir les enfants jeter leurs casquettes sans aucune précaution. Aussi sont-ils ordinairement très-mal coiffés.

Le linge, plus encore que tout le reste, doit être d'une exquise propreté. La cravate doit être simplement nouée, sans négligence ni affectation.

Quant au mouchoir, rien de plus dégoûtant que de le voir malpropre.

La propreté s'étend encore aux meubles et aux lieux que l'on habite. Il ne faut point laisser séjourner la poussière dans les appartements.

D. Qu'est-ce que le maintien ?

R. Ce que nous devons d'abord éviter, c'est la nonchalance qui prouve ordinairement de la paresse, de la bassesse dans les sentiments et l'ignorance ou l'oubli des convenances.

D. Quel est le meilleur maintien ?

R. Le meilleur maintien, quand on est debout, est d'avoir la tête et le corps posés droits, les jambes tendues, les pieds rapprochés au talon et la pointe en dehors.

D. Lorsqu'on entre dans un salon, que doit-on faire ?

R. Lorsqu'on entre dans un salon ou dans tout autre lieu de réunion, on doit d'abord saluer l'assemblée d'un salut général, lequel doit avoir lieu dès l'entrée dans l'appartement.

Quant aux bienséances, il y a bien des choses à observer, et dont nous devons parler ici rapidement.

D. Que faut-il faire si l'on est placé près du foyer ?

R. Lorsqu'on est auprès du foyer, il serait souvent impoli de s'emparer de la cheminée pour s'y chauffer, en servant d'écran, pour ainsi dire, aux autres personnes.

D. Lorsqu'on se trouve dans une réunion nombreuse, la sortie est-elle plus simple ?

R. Oui, on n'a qu'à se retirer doucement, de manière à n'être aperçu que le moins possible, et

cela autant par la modestie que pour éviter le dé-
rangement.

D. Est-il permis de faire attendre les personnes
qui viennent nous visiter?

R. Non, en user ainsi serait une impolitesse; la
personne à qui on fait visite doit rendre politesse
pour politesse.

D. Les personnes à qui l'on rend visite sont-
elles tenues de reconduire?

R. Oui, au moins jusqu'à l'escalier; elles doivent les suivre des yeux jusqu'à ce qu'elles aient
disparu, après leur avoir adressé le dernier salut.

D. Pour saluer un homme doit-on quitter son
chapeau?

R. On doit quitter son chapeau, le baisser en
développant le bras, arrondir le corps en inclinant
la tête plus ou moins profondément suivant les personnes.

D. Quand on parle à un supérieur ou à une dame, faut-il rester le chapeau à la main ?

R. Il faut rester le chapeau à la main jusqu'à ce qu'on ait été, une fois au moins, invité à se couvrir.

Il est inconvenant d'appeler par son nom une personne que l'on rencontre, encore plus de la nommer chaque fois qu'on lui adresse la parole. Il faut se contenter de dire Monsieur, Madame, et ne pas craindre de prodiguer ses qualifications.

D. Comment faut-il se tenir à table ?

R. Il faut se tenir ni trop près ni trop loin de la table quand on est assis. — Il serait impoli de vouloir se mettre trop à l'aise à table, d'y appuyer ses coudes ou de les poser presque dans l'assiette de son voisin. On ne doit jamais porter le couteau dans sa bouche, c'est fort dangereux.

D. Si on a quelque chose à offrir, doit-on l'offrir avec les doigts ?

R. Si on a quelque chose à offrir, on doit toujours la présenter avec l'assiette et non avec les doigts.

C'est surtout par la conversation que nous accomplissons le second précepte de La Bruyère, qui veut que, par notre politesse, nous rendions les autres contents d'eux-mêmes. Les enfants, moins encore que les grandes personnes, ne doivent jamais interrompre ceux qui parlent.

D. Devons-nous, avant de parler, connaître les personnes à qui nous voulons parler ?

R. On doit, avant de parler, connaître la position des personnes à qui nous devons nous adresser. Il est certains sujets que l'on doit éviter d'aborder.

La conversation est en effet la pierre de touche

du vrai mérite. C'est là que l'homme se montre : « Celui qui ne pèche point par la langue, dit le Saint-Esprit, est un homme parfait. »

Imitez donc, mes chers amis, un si ravissant modèle. Que votre conversation soit sainte et agréable comme celle de Jésus !

Que toute impureté ou avarice ne soit pas même nommée parmi vous, comme il sied à des saints.

CHAPITRE DIX-HUITIÈME.

CORRESPONDANCE.

D. Qu'est-ce que la correspondance ?

R. Les lettres que vous adressez à vos parents, maîtres et supérieurs, seront très-respectueuses et très-courtes ; celles que vous ferez pour vos égaux seront honnêtes et renfermeront quelques marques de considération et de respect. — Quand vous écrirez des lettres d'affaires, vous entrerez tout d'abord en matière, vous servant de termes propres à la chose dont vous parlez.

Lorsque vous écrirez à une personne qui vous est supérieure, vous vous servirez de grand papier, et, à qui que ce soit que vous écriviez, vous aurez toujours pour cela une feuille double. Vous commencerez par le mot : Monsieur, si c'est un homme, et si c'est une femme ou une fille, par un de ceux-ci : Madame ou Mademoiselle ; si c'est à votre père ou à votre mère, vous emploierez ces termes : Mon très-cher Papa, ou : Ma très-chère Maman.

Au bas de votre lettre, à l'égard de la personne à qui vous écrirez, après avoir dit : je suis, avec un profond respect, votre très-humble et très-obéissant serviteur, si vous écrivez à votre père ou à votre mère, vous mettrez : Votre très-respectueux, obéissant et affectionné fils.

Vous plierez ensuite votre lettre de la manière que vous l'auront enseignée vos maîtres.

Le timbre d'affranchissement doit être placé sur l'angle droit supérieur de la lettre.

Enfin, n'oubliez pas qu'aujourd'hui c'est un usage général d'affranchir sa correspondance, et que quiconque s'aviserait d'user d'un timbre qui a déjà servi, s'exposerait certainement à une amende.

CHAPITRE DIX-NEUVIÈME.

DU TRAVAIL.

D. Doit-on aimer le travail ?

R. Oui, quand l'esprit et les mains sont occupés, on ne pense pas au mal ; on est satisfait de soi et des autres. Ensuite le travail est un préservatif contre l'ennui, car après quelques moments d'occupation, les distractions sont plus agréables et le plaisir plus vif.

D. Et maintenant quelles sont les conditions les plus favorables à la prolongation de la vie humaine ?

R. Au premier rang, on doit placer la salubrité de la maison, l'air pur de la campagne, l'habitude des exercices du corps, un régime frugal et la plus complète exemption possible des soucis et des chagrins ; au second rang, on doit avoir une humeur gaie, un caractère résigné aux décrets du sort en ce monde.

8

CHAPITRE VINGTIÈME.

MANUEL DE PÉDAGOGIE D'OVERBERG.
LECTURE.

. . . .

« Cependant l'enfant, plein de sagesse, devenait plus grand et plus fort, et la grâce de Dieu était en lui. Son père et sa mère allaient tous les ans à Jérusalem, au temps que l'on solennisait la Pâque. Et quand il eut atteint l'âge de douze ans, comme ils y étaient allés selon ce qui se pratiquait à la fête, et qu'ils s'en retournaient, les jours de la fête étant passés , l'enfant demeura dans Jérusalem , sans qu'ils y prissent garde. Mais pensant qu'il était dans la troupe, ils marchèrent une journée entière, et ils le cherchaient parmi leurs parents et les gens de leur connaissance ; ne l'ayant point trouvé, ils retournèrent jusqu'à Jérusalem, en le cher-chant. Au bout de trois jours, ils le trouvèrent dans le temple, qui écoutait et qui interrogeait les Docteurs, étant assis au milieu d'eux. Et tous ceux qui l'entendaient parler étaient surpris de sa sagesse et de ses réponses. Ils furent alors étonnés de le voir, et sa mère lui dit : Mon fils, pourquoi en avez-vous usé ainsi avec nous? voilà que nous vous cherchions tout affligés, votre père et moi. Pourquoi me cherchiez-vous? leur répondit-il; ne saviez-vous pas qu'il faut que je m'emploie aux choses qui regardent mon Père? Mais ils ne comprirent pas ce qu'il leur dit. Ensuite étant parti avec eux, il alla à Nazareth, et il leur était soumis. Pour sa mère, elle conservait tout cela en sa mémoire. Et Jésus croissait en sagesse, en âge et en grâce aux yeux de Dieu et des hommes. »

(Extrait de l'Histoire de la Vie de Notre-Seigneur Jésus-Christ, par le P. de LIGNY, p. 40)

ENTRETIEN SUR L'HISTOIRE DE L'ENFANT JÉSUS AU MILIEU DES DOCTEURS, A L'AGE DE 12 ANS.

L'INSTITUTEUR. Que venez-vous de lire, Gérard?

L'ÉLÈVE. Un trait de la vie de Jésus.

Inst. Oui ; mais quel est ce trait ?

Él. Qu'il se rendit au temple de Jérusalem à l'âge de 12 ans.

Inst. Savez-vous ce qu'était le temple ?

Él. C'était...

Inst. Le temple était une vaste et magnifique église, où, d'après l'ordre de Dieu, chaque Juif devait se rendre plusieurs fois l'an, pour y adorer le Seigneur. Où était située cette église ?

Él. A Jérusalem.

Inst. A quel âge Notre-Seigneur se rendit-il à Jérusalem ?

Él. A l'âge de 12 ans.

Inst. Oui, dès cet âge, il allait avec ses parents à l'église, bien que le chemin pour y arriver fût loin de plusieurs journées. Mais quelle était son intention en se mettant en route ? N'était-ce pas curiosité de sa part de voir cette belle église ?

Él. Non; c'était pour y adorer Dieu, son Père.

Inst. Comment se conduisit-il en route ? Pensez-vous qu'il criait et se disputait avec les autres, comme le font très-souvent les enfants ?

Él. Non; il s'y rendit avec modestie et recueillement.

Inst. Oui, mes enfants ; si vous aviez pu voir sa marche posée et modeste, c'en eût été assez pour vous toucher, et pour vous faire aller à l'église avec plus de recueillement et de retenue que vous ne le faites ordinairement. Mais à qui notre Sauveur pensait-il en route ?

Él. A son Père céleste.

Inst. Oui, il y pensait bien certainement ; et puis il réfléchissait à la manière dont il pourrait l'honorer convenablement dans le temple. Comment croyez-vous qu'il s'y conduisit ? Pensez-vous qu'il s'amusait à regarder les autres enfants, leurs

habits, ou ceux qui entraient et ceux qui sor-
taient?

Él. Non; il priait dévotement.

Inst. Oh! qui pourrait être aussi recueilli en
Dieu et prier aussi dévotement que lui! quel bonheur ne serait-ce pas. — Mais dites-moi, Guil-
laume, avait-il fait quelque chose auparavant qui
pût le disposer à pouvoir prier dévotement dans
le temple?

Él. Oui; il y était allé avec un grand recueillement.

Inst. Qu'en concluez-vous, mes enfants? comment devez-vous vous conduire, si vous voulez
pouvoir prier dévotement à l'église!

Él. Nous devons nous y rendre avec modestie
et dévotion.

Inst. Et, à l'exemple de Jésus, à quoi pouvez-
vous penser en y allant?

Él. A Dieu et à la manière de l'honorer de notre mieux à l'église.

Inst. Et comment pouvez-vous l'honorer ?

Él. En priant dévotement.

Inst. Mais le faites-vous ? priez-vous dévotement, en regardant de côté et d'autre ce qui s'y
trouve et ce qui s'y passe ? etc.

Él. Non.

Inst. Et si vous ne lisez et ne dites que des lèvres quelque prière, sans élever votre esprit à Dieu
et sans l'invoquer de cœur, priez-vous dévotement ?

Él. Non.

Inst. Comment donc devez-vous faire pour
qu'il soit réellement vrai que vous priez dévotement ?

Él. Je ne dois pas regarder de côté et d'autre.

Inst. Est-ce tout ?

Él. Non ; je dois aussi élever mon esprit à Dieu et l'invoquer de cœur.

Inst. Philippe, lorsque les parents du Sauveur s'en retournèrent, l'avaient-ils avec eux ?

Él. Non.

Inst. Pourquoi donc s'en retournaient-ils sans lui !

Él. Ils pensaient qu'il était dans la compagnie d'autres personnes.

Inst. Mais pouvaient-ils bien le laisser ainsi seul avec d'autres ?

Él. Oui.

Inst. Oui, me dites-vous ; mais ne pouvait-il pas se faire que, n'étant pas sous les yeux de ses parents, il fût exposé à faire le mal par pétulance ou légèreté, ou du moins, qu'il en ressentît quelque dommage ?

Él. Oui.

Inst. Comment donc les parents du Sauveur pouvaient-ils être si peu inquiets sur son sort ? Croyez-vous qu'ils pouvaient espérer que, même loin de leurs yeux , il s'abstiendrait de tout mal et ne s'exposerait à aucun accident ?

Él. Oui.

Inst. Certainement qu'ils le pouvaient, parce qu'en toute occasion ils avaient vu qu'il agissait avec beaucoup de prudence et de réflexion, et que ce n'était pas à cause des hommes , mais à cause de Dieu qu'il faisait le bien et évitait le mal. Oh ! quelle consolation et quelle joie pour les parents , lorsqu'ils ont des enfants sur lesquels ils peuvent se fier ! combien ces enfants sont aimables ! ce sont réellement les favoris de Dieu et du Sauveur. Mais en fût-il comme le pensaient ses parents? le trouvèrent-ils avec les autres personnes de Nazareth?

Él. Non.

Inst. A quelle distance étaient-ils déjà de Jérusalem, lorsqu'ils surent avec certitude qu'il n'était pas avec les autres?

Él. Ils avaient déjà marché une journée entière.

Inst. Continuèrent-ils alors leur chemin vers Nazareth?

Él. Non; ils retournèrent à Jérusalem, et l'y cherchèrent.

Inst. Mais agissaient-ils ainsi parce qu'ils se défiaient de lui? Non, c'est parce qu'ils craignaient qu'il ne lui fût arrivé quelque mal; et ensuite parce qu'ils l'aimaient tendrement et que sa présence faisait leurs délices. Mais le trouvèrent-ils tout de suite à Jérusalem?

Él. Non; mais seulement trois jours après.

Inst. Où le trouvèrent-ils?

Él. Dans le temple, au milieu des Docteurs.

Inst. Comment Jésus s'y comportait-il? comme maître ou comme élève?

Él. Comme élève.

Inst. Vous pouvez donc apprendre de lui comment vous devez vous conduire à l'école; car le Seigneur est en tout notre modèle. — Mais, Théodore, allait-il à cette école parce que telle était la volonté de ses parents, ou parce qu'ils l'y contraignaient?

Él. Non; car ceux-ci ne le savaient même pas.

Inst. D'après la volonté de qui s'est-il donc dirgé en cette occasion?

Él. D'après la volonté de Dieu.

Inst. Oui, la volonté de Dieu le guidait toujours. Il allait à l'école parce qu'il savait que cela plaisait à Dieu. Mais était-ce bien faire que de rester à l'école avant d'en avoir prévenu ses parents ?

Él. . . . . . . (*Il se tait.*)

Inst. Le Seigneur fit-il jamais quelque chose d'injuste ou de mauvais?

Él. Non ; il faisait toujours la volonté de son Père céleste.

Inst. Dans cette circonstance, se laissa-t-il guider par la volonté de son Père céleste, en ne prévenant pas ses parents ?

Él. Oui.

Inst. Était-ce donc mal agir ?

Él. Non.

Inst. Certes non ; car ce à quoi la volonté divine nous excite et ce qui y est conforme ne peuvent pas être mal. Or, dites-moi, mes enfants, qu'est-ce qui doit vous exciter à fréquenter assidûment l'école ? Est-ce seulement la volonté de vos parents ?

ÉL. Non, mais aussi la volonté de Dieu.

INST. Oui, la volonté de Dieu, qui veut que vous appreniez le bien, afin que vous sachiez comment vous devez vous conduire pour lui plaire et pour être sauvés. Vous ne devez donc pas attendre que vos parents vous contraignent d'aller à l'école ; mais vous devez, au contraire, les prier qu'ils vous permettent d'y aller. Comment, en cette occasion, Notre-Seigneur se conduisit-il, Fréderic ?

ÉL. Bien.

INST. Certainement ; mais je voudrais savoir en quoi consistait sa bonne conduite, et ce qu'il fit de particulier. N'en est-il rien dit dans votre livre ?

ÉL. Oui ; il écoutait attentivement et questionnait.

Inst. Que voulez-vous dire par ces mots : Il écoutait attentivement ?

Él. Il faisait attention à ce que les Docteurs disaient.

Inst. Mais comment faisait-il attention ? Était-ce superficiellement ?

Él. Non, mais très-bien.

Inst. Ainsi il était *très-attentif* à l'école. Mais ne faisait-il pas autre chose que de prêter une grande attention ?

Él. Oui ; il questionnait.

Inst. Mais questionnait-il à tort et à travers ?

Él. Non ; il le faisait très-intelligemment et à propos.

Inst. Oui, si intelligemment que tous ceux qui l'écoutaient en étaient étonnés. Mais pouvait-il le faire sans y avoir préalablement réfléchi ?

Él. Non.

Inst. Ainsi il réfléchissait aussi beaucoup sur la leçon?

Él. Oui.

Inst. Ceux qui l'entendaient admiraient-ils autre chose que ces questions intelligentes?

Él. Oui; ils admiraient aussi ses réponses.

Inst. Il répondait donc assez haut et avec assez de précision. Or, cet exemple de Jésus vous prouve-t-il comment vous devez vous conduire à l'école?

Él. Oui; nous devons y être attentifs.

Inst. Est-ce tout?

Él. Non; nous devons réfléchir beaucoup sur les leçons.

Inst. Et lorsqu'on vous questionne?

Él. Nous devons répondre assez haut et intelligiblement.

Inst. Mais lorsque vous ne comprenez pas la question, ou autre chose que l'instituteur dit, ou ce que vous lisez, que devez-vous faire ?

Él. Nous devons le demander.

Inst. Or, dites-moi maintenant tout ce que vous apprend ce fait de la vie de l'enfant Jésus ?

Él. Il nous apprend que nous devons être bien attentifs, réfléchir sur la leçon, répondre assez haut et intelligiblement, et le demander, lorsque nous ne comprenons pas bien quelque chose.

Inst. Très-bien. — Vous savez donc maintenant comment vous devez imiter le Sauveur à l'école ; mais suffit-il, Hermann, de le savoir ?

Él. Non ; nous devons aussi le mettre en pratique.

INST. Vous devez au moins y travailler; vous devez donc aussi questionner lorsque vous ne comprenez pas bien quelque chose, car c'est très-utile, si vous voulez bien apprendre. — Vous connaissez sans doute le proverbe relatif à ce point ?

ÉL. Oui : *En questionnant, on parvient à savoir.*

INST. Et cependant vous questionnez si rarement ! Ne voulez-vous donc pas vous y mettre une bonne fois ? Demandez hardiment. Si vous cherchez à questionner intelligiblement, il importe peu qu'il vous arrive de faire une question insignifiante. Mais, Élisabeth, que dirent les parents du Sauveur en le trouvant au milieu des Docteurs ?

ÉL. *Mon fils, pourquoi avez-vous agi ainsi? Voyez, votre père et moi, nous vous avons cherché avec douleur.*

INST. Oui, ainsi parla sa mère, pleine d'admiration et de joie de retrouver son cher fils. — Que répondit le Sauveur ?

Él. *Pourquoi m'avez-vous cherché ?*

Inst. Que voulait-il dire par là ?

Él. Qu'ils n'avaient pas besoin de le chercher.

Inst. Dit-il aussi le motif pour lequel ils n'a-vaient pas besoin de le chercher ?

Él. Oui : *Ne savez-vous pas que je dois être à ce qui regarde mon Père ?*

Inst. Ses parents comprirent-ils alors ce qu'il voulait dire par là ?

Él. Non.

Inst. Cela ne signifiait-il pas : ne saviez-vous point ou n'auriez-vous pas dû penser que je ne ferais que ce qui est agréable à mon Père céleste ?

Él. Oui.

Inst. Oui ; nous pouvons prendre les paroles de Jésus dans ce sens, parce que nous savons qu'il ne voulait et ne faisait que ce qui plaisait à son Père céleste. — Resta-t-il encore longtemps dans le temple ?

Él. Non ; il retourna à Nazareth avec ses parents.

L'instituteur pourra ensuite faire indiquer aux enfants, tour à tour, quel fruit ils peuvent retirer de cette histoire, et ajouter encore de nouvelles instructions à celles que chaque élève indiquera.

(Extrait du *Manuel de Pédagogie*, par OVERBERG, p. 226).

CHAPITRE VINGT-UNIÈME.

PATER DE SAINT-FRANÇOIS.

A propos du *Pater*, écoutez une histoire :
Simple et pauvre d'esprit autant que de mémoire,
Un berger Savoyard, sage et pieux garçon,
N'avait pu retenir, après maintes leçons,
En latin l'oraison dite dominicale.
L'évêque d'Annecy, le bon François de Sale,
Eut la peine et la gloire, en cet obtus esprit,

De graver le *Pater* ; voici comme il s'y prit.

Sans miracle, il obtint réussite complète ;

Au besoin , sur vous-même essayez la recette :

—Combien dans ton troupeau comptes-tu de mou-
[tons ?

Dit le saint au berger. — Quarante. — Ont-ils des
[noms ?

— Non. Bébé sert pour tous. — Fort bien, reprit
[l'apôtre ;

Tu peux facilement distinguer l'un de l'autre ?

—Ah ! pour ça je m'en vante, et j'en suis assuré,

Pour la couleur, la taille, ou la tête, ou la queue,

Que je les saurais tous distinguer d'une lieue,

Comme vous, monseigneur, d'avec votre curé.

— D'apprendre l'Oraison, j'ai trouvé la manière.

Nomme chaque mouton d'un mot de la prière ;

Ton mouton le plus gros s'appellera *Pater.*

— *Pater.* — Bon ! Le second *Noster.* — *Pater*
[*Noster.*

—Bon ! *Qui es* le troisième, *In cælis,* le quatrième,

Et *Sanctificetur* sera pour le cinquième.

— Je ne pourrai jamais, si les noms sont si longs !

Celui-ci suffirait pour deux ou trois moutons !

Le saint, très-patient, l'écolier, très-docile,

Sortirent à la fin de ce pas difficile ;

Du *Pater* à l'*Amen,* baptisant les moutons,

L'Oraison fut apprise en quarante leçons.

Six mois après, le saint retrouve le berger,

Sur le *Pater noster* il veut l'interroger.

Celui-ci, pour aider sa mémoire rebelle,

Rassemble autour de lui ses moutons qu'il appelle,

Et pensif, l'œil ouvert et l'index en avant,

Ne ressemble pas mal à cet âne savant ;

Qui, la patte tendue et l'oreille baissée,

Dans un jeu veut chercher une carte pensée.

— J'y suis : *Pater noster, in cœlis...*— Mon garçon,

Tu te trompes ! *Pater noster, in cœlis,* non !

Puis l'écolier poursuit sa prière et l'achève.

— C'est fort bien, excepté le troisième mouton

Qui es. — Oh ! de *Qui es* il n'en est plus question.

Pauvre *Qui es !* reprit en larmoyant l'élève ;

Vous ne savez donc pas ? Le loup me l'a mangé ?

Depuis ce jour, *Qui es* au *Pater* a manqué.

CHAPITRE VINGT-DEUXIÈME.

CONCLUSION.

Je désire que mon petit ouvrage puisse faire tout le bien possible, et je le livre à votre droiture. — J'espère qu'il trouvera un écho dans votre cœur. — Oui, estimez votre âme, et je vous assure le bonheur autant qu'on peut l'avoir sur cette terre ; car vous aurez trouvé, dans le sentiment de votre conscience, le secret d'être heureux, et l'art infiniment consolant de répandre dans votre famille l'aisance et l'honneur.

En terminant, je vous conseille de prendre pour modèle le Cultivateur que je vous ai cité, qui aime et pratique sa religion.

Regardez : dans sa maison règne le bien-être ; une sage économie préside aux dépenses de chaque journée ; il aime et respecte tout le monde ; il chérit ses enfants, les élève chrétiennement, les envoie à l'école primaire de la campagne, il leur donne de bons exemples; s'il ne peut leur laisser une richesse qu'il n'a pas, il leur laissera du moins la fortune et l'amour du travail et de la vertu, mille fois préférables aux richesses périssables.

Ce bon Cultivateur a protégé toute sa vie les animaux ci-après désignés :

ANIMAUX DOMESTIQUES.

Bœuf, Cheval, Mouton, Ane, Mulet, Cochon, Chèvre, Chien, Chat.

OISEAUX DE BASSE-COUR.

Paon, Coq, Poule, Pigeon, Ramier, Tourterelle, Oie, Canard, Dindon, Pintade, etc.

OISEAUX INSECTIVORES.

Grimpereau, Pivert, Engoulevent, Coucou, Hirondelle, Fauvette, Mésange, Troquet, Rouge-Gorge, Bergeronnette, Roitelet, Rossignol, etc.

TABLE DES MATIÈRES.

Imp. T. RANVAUD, Place de l'Hôtel-de-Ville, à Nontron.